UM GUIA SOBRE OS MISTÉRIOS DO UNIVERSO

COSMOS INFINITO

PIERRE ALEXANDER

ISBN: 978-87-999829-6-7

www.virgopublishers.com

contato@virgopublishers.com

CONTEÚDO

INTRODUÇÃO

O intuito deste livro é explicar de maneira clara e objetiva, os mistérios do universo. Independente do seu nível de conhecimento, você será capaz de compreender o que existe para além do nosso planeta e como as coisas funcionam e se relacionam umas com as outras na infinidade do cosmos. Os temas aqui presentes estão organizados de forma a facilitar a absorção do conhecimento e permitir que até os pontos de maior complexidade façam sentido na cabeça do leitor.

O primeiro capítulo prepara o terreno para a nossa viagem, nos mostrando onde estamos localizados no universo em relação a nossa galáxia e sistema solar. Prosseguimos com a nossa origem, ao abordar o processo de formação das estrelas e planetas. Você já escutou a frase que nós somos poeira das estrelas? Aqui você irá entender o porquê dessa afirmação.

Em Tamanho do Universo, começamos a ir mais longe, sendo apresentados a fatos que mexem com a nossa imaginação. Por exemplo, quantas estrelas além do Sol existem no universo? E qual será a distância mais longe que conseguimos observar com as nossas ferramentas astronômicas? Talvez você nunca tenha se questionado sobre nada disso, mas os números são impressionantes.

Alguns temas de Física também são abordados neste livro, pois é impossível compreender a dinâmica do universo sem antes conhecer os conceitos de velocidade da luz e gravidade. Mas fique tranquilo, pois nenhum cálculo ou fórmula será apresentado, mas tudo será explicado no limite do que é preciso para compreender a dilatação do tempo, buracos negros, viagens interestelares e viagem no tempo.

Por fim, um dos assuntos que mais desperta a curiosidade das pessoas não poderia ficar de fora: vida inteligente fora da Terra. Qual será a probabilidade da existência de extraterrestres? Será que já fomos visitados por alienígenas? E quais seriam as possíveis consequências disso? Tudo isso será explicado no último capítulo que fecha nossa jornada com chave de ouro.

ONDE ESTAMOS

Por volta do ano de 350 a.C, o filósofo grego Aristóteles, desenvolveu a teoria de que a Terra era o centro do universo e que todos os outros planetas e até o próprio Sol giravam em torno dela. Essa teoria é chamada de geocentrismo e foi amplamente apoiada pela Igreja Católica por mais de 1400 anos. Entretanto, o astrônomo e matemático grego Aristarco de Samos (310-230 a.C), foi o primeiro a apresentar a teoria do heliocentrismo, em que a Terra gira em torno do Sol e não o contrário. Essa linha de raciocínio só foi ser estruturada no século XVI d.C por Nicolau Copérnico, considerado como o pai da astronomia moderna. Somente em 1822 que a Igreja Católica finalmente admitiu a possibilidade do heliocentrismo.

Depois de séculos marcados pela crença em um sistema equivocado, pudemos conhecer o real funcionamento do sistema solar, no qual oito planetas mais Plutão – que foi rebaixado a planeta anão em 2006 – giram em torno da nossa estrela, o Sol, pela força dominante de sua gravidade. A distância entre o Sol e a Terra é de aproximadamente 150 milhões de quilômetros. Já a distância entre o Sol e Plutão é de aproximados seis bilhões de quilômetros. Mas é importante compreender que, apesar da enorme distância entre a nossa estrela e o planeta anão, o sistema solar é muito maior do que isso. Para melhor exemplificar, a sonda Voyager 1 foi lançada em 5 de setembro de 1977 e está a mais de 22 bilhões de quilômetros de distância do Sol, mas ainda está sob a influência da força gravitacional dele.

Até este ponto do presente capítulo, tratamos a Terra como sendo o micro e nosso sistema solar o macro. Para nossa vida aqui neste planeta, o que realmente importa é que estamos localizados em uma zona habitável, a uma distância ideal do Sol que nos permite viver tranquilamente. Mas em um nível universal, nosso planeta e sistema solar são insignificantes. Se mudarmos o macro para a galáxia a que pertencemos, as coisas começam a ficar mais interessantes. Nós somos parte de uma galáxia chamada Via Láctea, que possui um diâmetro de mais de 100 mil anos luz, com uma quantidade entre 100 e 400 bilhões de estrelas. E se considerarmos que existe no mínimo uma média de um planeta por estrela, a Via Láctea tem ao menos 100 bilhões de planetas. Mas este número pode ser tanto de 400 bilhões quanto superior, visto que a nossa estrela sozinha possui oito planetas. Em relação a nossa posição na galáxia, estamos a aproximados 25 mil anos luz do centro, no Braço de Órion, e não existe nada de especial nesta localização. Se o sistema solar fosse magicamente movido para uma outra região da galáxia, mantendo a mesma configuração atual, muito provavelmente não notaríamos nenhuma diferença.

Podemos mudar novamente o foco analisando a posição da Via Láctea no universo. Neste aspecto, a questão não é mais sobre a Terra que é um entre uma infinidade de outros planetas, mas sim de um grupo de estrelas que podem chegar a 400 bilhões no meio de outros grupos de estrelas. Será que por essa perspectiva, nossa localização no universo se torna mais especial? Devo dizer que nada muda. A Via Láctea é apenas uma dentre bilhões de outras galáxias menores e maiores. Segue 1 e Segue 3 são as menores galáxias descobertas, e elas possuem aproximadamente mil estrelas cada. Já a maior é a IC 1101, que possui um número aproximado de incríveis 100 trilhões de estrelas. Logo, é plausível concluir que nem o nosso planeta e nem a nossa galáxia possuem algum diferencial que nos permita acreditar que somos privilegiados. A matemática nos mostra que existem no mínimo alguns bilhões de outros planetas semelhantes ao nosso, onde seria possível a gente viver bem ou talvez até melhor.

Como ficou evidenciado, é muito difícil ou até mesmo impossível determinar nossa posição para além da nossa galáxia. Os métodos de organizar os astros no céu são feitos a partir do nosso ponto de vista. Uma pessoa em outra galáxia terá uma visão diferente da nossa, com mais ou menos detalhes, a depender da tecnologia que possua. E o fato é que nós mal conhecemos a Via Láctea que, como já foi mencionado, tem um diâmetro de mais de 100 mil anos luz.

Figura 1. Parte da Via Láctea vista no céu

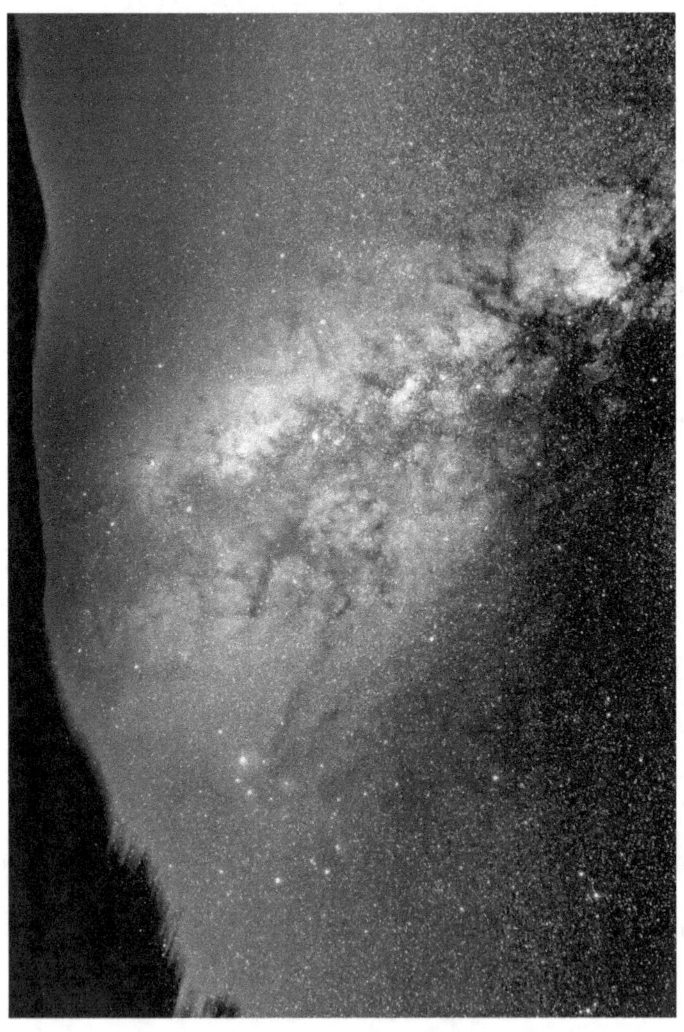

FORMAÇÃO DE ESTRELAS E PLANETAS

Em 2011, astrônomos anunciaram a descoberta de nuvens de gás que se formaram minutos depois da explosão do Big Bang, há aproximadamente 14 bilhões de anos. Essas nuvens possuem em suas composições hidrogênio e hélio, sem a presença de metais. Tal descoberta foi a primeira evidência de que, no começo do universo, somente os elementos mais leves – hidrogênio, hélio e deutério – foram formados. Muito antes disso, a ciência já afirmava que após o Big Bang, estes foram os elementos formados, mas nunca havia conseguido encontrá-los no universo sem a presença de metais.

Passados de 100 a 200 milhões de anos do Big Bang, as nuvens de gás que eram tão massivas que a pressão do gás não era suficiente para contê-las, se colapsaram na sua própria gravidade dando origem a estrelas supermassivas. Essas estrelas tiveram um tempo de vida de alguns milhões de anos apenas, pois quanto mais massa uma estrela possui, mais rapidamente ela queima o seu combustível. Este processo é a fusão do hidrogênio em hélio e, o que acontece depois, vai depender do tamanho da estrela.

As estrelas menores apenas convertem todo seu hidrogênio em hélio. As estrelas medianas como o nosso Sol, prosseguem para converter o hélio em oxigênio e carbono. Já as estrelas massivas, que são aquelas que possuem no mínimo cinco vezes a massa do Sol, vão mais adiante para converter o carbono e oxigênio em néon, sódio, magnésio, enxofre e silício, seguindo transformando estes elementos em cálcio, ferro, cobre, etc.

O combustível queimado no núcleo da estrela massiva produz muito calor, o que gera a pressão responsável por manter a estrela em equilíbrio e evitar o seu colapso. Quando o combustível acaba, o calor diminui e a pressão também, permitindo a gravidade ganhar a briga de forças, levando a estrela a uma explosão chamada de supernova. Essa explosão gigantesca, libera os elementos produzidos no núcleo da estrela, gerando uma nuvem de gás e poeira. Quando essa nuvem de gás entrar em colapso devido a sua própria gravidade, uma nova estrela nascerá e, possivelmente, alguns planetas que a orbitarão. A formação dos planetas acontece pela colisão e junção de partículas de poeira que orbitam a estrela. Esse processo começa antes da estrela atingir sua maturidade.

O nosso Sol, por ser uma estrela mediana, não terá um fim tão glamuroso. Daqui uns 5 bilhões de anos, o Sol terá queimado todo o seu hidrogênio, fazendo com que a fusão seja interrompida e seu núcleo comece a ser comprimido pela ação da gravidade. O processo de compressão irá aumentar a pressão e temperatura dentro do núcleo, até que o hélio comece a ser fundido em carbono e oxigênio. A pressão voltará a níveis suficientes para empurrar a força da gravidade, impedindo o colapso do núcleo. O calor gerado será tanto, que a camada de hidrogênio ao redor do núcleo entrará em ignição para se fundir em hélio. Isso aumentará ainda mais a pressão, dando início a um processo de expansão que fará o Sol ficar tão grande a ponto de engolir Mercúrio e Vênus, sendo possível que a Terra também seja absorvida. Nesse estágio, o Sol terá se transformado em uma gigante vermelha e assim permanecerá durante um bilhão de anos. Essa expansão não é ilimitada, pois a força da gravidade continua a agir de forma oposta, existindo um equilíbrio. Quando todo o hélio do núcleo for queimado, a gravidade entrará em ação outra vez para comprimir a estrela, mas desta vez, a temperatura gerada será suficiente apenas para fundir a camada de hélio ao redor do núcleo, não sendo capaz de fundir o carbono e o oxigênio. A queima da camada externa de hélio fará com que a pressão aumente, reestabelecendo o estado de expansão. Porém, a gravidade perderá a briga e não conseguirá controlar a expansão, fazendo com que as camadas externas do Sol sejam expelidas, gerando o que nós chamamos de nebulosa planetária, que consiste em nuvens de gás e poeira.

O que sobrará da gigante vermelha é seu núcleo em estado bastante comprimido, chamado de anã branca. As anãs brancas possuem massa aproximada a do Sol, comprimida em um corpo do tamanho do planeta Terra. Tamanha compressão faz com que estes objetos estejam entre os mais densos do universo, perdendo apenas para as estrelas de nêutrons e os buracos negros. Se você pudesse pegar uma colherzinha de chá da massa de uma anã branca, essa colher pesaria 15 toneladas.

Já os planetas, eles não possuem um fim tão previsível quanto o das estrelas. Um planeta como o nosso que abriga vida e está na rota de expansão de sua estrela, possivelmente terá um aumento de temperatura que o tornará inabitável e posteriormente será engolido pela estrela. Mas como o Sol perderá massa no seu processo de expansão, provocando uma redução no seu campo gravitacional e consequentemente um aumento da sua distância entre a Terra, existe a chance do nosso planeta escapar de ser engolido. Os que não estão sujeitos a tal fim, podem ter sua órbita desarrumada por algum motivo, fazendo eles se chocarem com outros planetas. Mas há a possibilidade de que alguns não sejam destruídos e permaneçam em sua forma por um prazo indefinido.

Figura 2. Remanescente de uma supernova

Figura 3. Ilustração de um sistema binário com as estrelas Sirius A e Sirius B

O SISTEMA SOLAR

Nosso sistema solar se originou a aproximados 4,6 bilhões de anos em um processo de formação de estrelas e planetas explicado no capítulo anterior. Os objetos que compõem este sistema são planetas e planetas anões, luas, asteroides, cometas, gás e poeira.

Dos oito planetas que são parte do nosso sistema, Júpiter é o maior de todos com uma massa equivalente a 2,5 vezes a massa combinada de todos os outros sete planetas. Esse gigante de gás, as vezes é referido como uma "estrela fracassada", devido ao fato de ele possuir a mesma composição do Sol, mas não ser massivo o suficiente para queimar hidrogênio em seu núcleo.

Já o menor planeta é Mercúrio, que também é o que se encontra mais próximo do Sol, porém não é o mais quente. Mercúrio tem uma temperatura máxima de 427°C, mas como ele não possui uma atmosfera, o calor é dissipado no espaço. Portanto, o título de mais quente vai para Vênus, que é o segundo em distância do Sol, mas devido a sua grossa atmosfera, o calor é retido e a temperatura pode chegar a 470°C.

E qual será o mais frio? Neste caso, o título pode ir para um dos gigantes de gelo, que são Netuno e Urano. Netuno é o planeta mais longe do Sol, com uma distância de mais de 4 bilhões de quilômetros. Ele possui a menor temperatura média de 214°C negativos. Já Urano, que está a quase 3 bilhões de quilômetros do Sol, possui a menor temperatura já registrada de 224°C negativos. Sendo assim, na média, Netuno é o mais frio, mas há períodos em que Urano será ainda mais congelante.

Em relação a capacidade de abrigar formas de vida complexas como nós conhecemos, somente a Terra possui as condições necessárias. Estamos a uma distância ideal do Sol, temos uma atmosfera e campo magnético capazes de bloquear a radiação do espaço, também temos água líquida e oxigênio em abundância. Nenhum outro planeta do sistema solar tem todas essas características. Nem mesmo Marte, que vem sendo o foco da ciência espacial há décadas, poderia ser a nossa casa no futuro. Marte possui uma atmosfera muito fina, não tem campo magnético, além de não possuir oxigênio. A ideia de humanos colonizar Marte no futuro, não passa de uma ilusão.

Por fim, com oito planetas orbitando o Sol a distâncias que ultrapassam mais de 4 bilhões de quilômetros, qual será o real tamanho do sistema solar? A resposta para esta pergunta depende do critério utilizado. Se considerarmos que os limites do sistema solar são iguais a área de alcance dos ventos solares, chamada de heliosfera, então o tamanho é de aproximadamente 18 bilhões de quilômetros a partir do Sol. Mas se todo objeto que orbita o Sol faz parte do sistema solar, então os números mudam drasticamente. Uma nuvem de cometas chamada Nuvem de Oort é a região mais distante do sistema solar. A fronteira de entrada desta nuvem fica entre 300 e 750 bilhões de quilômetros. Já a fronteira de saída está localizada a aproximadamente 15 trilhões de km. Portanto, a área de influência da nossa estrela é infinitamente superior a distância do planeta mais longe que a orbita.

Figura 4. Ilustração do sistema solar

TAMANHO DO UNIVERSO

Há 13,8 bilhões de anos, imediatamente após o Big Bang, o universo começou a se expandir muito rapidamente, mais rápido que a velocidade da luz, que é de aproximados 300.000 km por segundo. Já nos primeiros minutos de existência, todo o hidrogênio e a maior parte do hélio que temos hoje no universo foram formados. Foi um intenso começo de reações em cadeia, que criou as bases para que passados mais de 100 milhões de anos, as estrelas começassem a surgir.

Vamos começar a imaginar o possível tamanho do universo através das estrelas. Você sabia que a quantidade de estrelas existentes no universo é superior a quantidade de grãos de areia no nosso planeta? Parece difícil de acreditar, mas existem no mínimo um septilhão de estrelas no universo observável. Se você nunca viu tal número na sua vida, saiba que se trata do 1 seguido por 24 zeros. E esse cálculo é somente uma estimativa, pois a quantidade real pode ser bem superior.

A nossa estrela, por exemplo, possui uma massa 333 mil vezes superior à da Terra e ela está a 4,25 anos luz de distância da sua estrela mais próxima, chamada de Proxima Centauri. Um ano luz é a distância que a luz percorre em um ano. Sabendo disso, fica fácil imaginar que para abrigar objetos tão grandes e que estão separados a enormes distâncias uns dos outros, o universo só poderia ser extremamente colossal, pois a palavra grande não é suficiente para descrever tais dimensões.

Mas será possível estabelecer um número para o tamanho do universo? Primeiramente é preciso entender que existe um limite de alcance que nós conseguimos enxergar. Este limite é chamado de universo observável, que é a região de onde a luz já chegou até a Terra. Essa região é uma esfera com um raio de 46 bilhões de anos luz a partir da Terra, ou seja, o raio é maior que a própria idade do universo. Mas como pode ser possível? Este fato acontece, porque o universo está em constante expansão em velocidades superiores à da luz. Alcançar tais velocidades só é permitido para o próprio espaço, pois as leis da física nos dizem que nada no universo pode ultrapassar a velocidade da luz. Mas esta regra não está sendo quebrada, pois o que está se movendo em tamanha velocidade, não são as galáxias, mas sim o espaço-tempo. É como imaginar uma massa de pão com uva passas que é colocada para descansar. Após duas horas, a massa terá aumentado de tamanho e a distância entre as passas também. O que expandiu rapidamente foi a massa e não as passas. Sendo assim, um objeto que antes estava a 13,8 bilhões de anos luz, hoje está a 46 bilhões de anos luz, mas nunca será possível ver o seu estado atual.

É importante saber que quando dizemos que o universo tem 13,8 bilhões de anos, estamos nos referindo ao universo observável. Esses números não correspondem a idade ou o tamanho de todo o universo, pois não podemos estudar o que está bem distante do nosso alcance. Se existe algo além do limite do nosso universo, simplesmente não temos como descobrir e nem calcular nada. A teoria mais aceita é a de que todo ponto no universo é o centro. Por exemplo, se pudéssemos ir de forma instantânea para alguma galáxia que esteja a 5 bilhões de anos luz da gente, nossa posição nessa galáxia seria o centro do nosso universo observável e ele teria o mesmo raio de 46 bilhões de anos luz, mas lá poderíamos ver objetos que não podemos ver daqui. Isso nos leva a crer na possibilidade do universo ser infinito ou que ele tenha a forma esférica, onde sempre retornamos ao mesmo ponto de onde partimos.

Se existe um limite ou uma fronteira no nosso universo observável, então seria possível alcançar o fim deste universo? A resposta é não. Como nós estamos limitados a velocidade da luz e o espaço se expande em velocidades superiores à da luz, nunca seria possível alcançar este "fim".

VELOCIDADE DA LUZ, GRAVIDADE E DILATAÇÃO TEMPORAL

Você já deve ter ouvido falar sobre a Teoria da Relatividade de Einstein. De forma resumida, essa teoria trata da relação entre as três dimensões do espaço – que todos nós conhecemos – e a dimensão do tempo, formando uma quarta e única dimensão chamada de espaço-tempo. Neste livro, iremos estudar os conceitos de velocidade da luz e dilatação temporal, com base no movimento e gravidade, de acordo com os ensinamentos deixados por um dos maiores físicos da história.

No capítulo anterior, foi dito que nenhum corpo no espaço pode se mover em velocidade superior à da luz, que é de aproximados 300.000 km/s. A velocidade da luz é um limite cósmico e ela se mantém constante no vácuo, logo, nada pode superá-la. Outro ponto importante é que nenhum corpo que possua massa pode alcançar esse limite. É possível, pelo menos de forma teórica, chegar perto de tal velocidade, mas se igualar a ela, jamais. O motivo disso é que quando um corpo adquire velocidade, a energia cinética deste corpo irá aumentar. Quanto mais rápido, maior a energia e, na velocidade da luz, a quantidade de energia cinética seria infinita. Isso é simplesmente impossível, porque no universo observável não existem fontes infinitas de energia. Por que então a luz consegue viajar tão rapidamente? Porque a luz é composta de fótons, que são partículas que não possuem massa.

Outro ponto importante que é preciso aprender antes de entrarmos no tema de dilatação temporal, é como a gravidade de fato se comporta. Nós somos ensinados na escola que a gravidade é uma força em que todo ponto de massa no universo atrai um outro ponto de massa, e essa força é proporcional a massa do objeto e inversamente proporcional a distância entre eles. Essa é a definição criada por Newton, e que não está totalmente errada, no que se refere ao comportamento dos corpos em relação ao quanto massivos são e a distância que estão. Por exemplo, a gravidade do Sol é maior que da Terra e o poder de influência dela é menor em objetos que estão mais distantes. Porém, Einstein descobriu que este comportamento não é devido a ação de uma força, mas sim da curvatura do espaço. Segundo Einstein, a massa de um corpo pode mudar a forma do espaço, alterando a trajetória dos objetos. Por exemplo, o Sol com a sua enorme massa, provoca uma curvatura tão grande capaz de fazer com que todos os objetos do sistema solar girem ao seu redor. Para melhor visualização, imagine um colchão que não suporte o peso de uma determinada pessoa. Quando essa pessoa deita, o colchão é deformado pela massa dela. E é isso o que o Sol e todos os objetos fazem no espaço, provocando o que nós chamamos de gravidade.

O último ponto que abordaremos neste capítulo é a dilatação do tempo. De acordo com Einstein, o tempo é relativo, ou seja, ele não passa da mesma forma para todo mundo. O primeiro fator que altera a passagem do tempo é a velocidade. Quanto maior for a velocidade de um corpo, mais lentamente o tempo passará. E na velocidade da luz, o tempo simplesmente para de passar. Sendo assim, uma pessoa que esteja dentro de um avião, estará experimentando um tempo mais lento do que uma pessoa que está parada ou andando na rua. Mas essa diferença temporal é insignificante, praticamente nula. Somente em velocidades próximas da luz que isso seria perceptível. E não estamos falando de uma ilusão e sim de algo que poderia ser observado ao comparar os relógios de uma pessoa que viajou próximo a velocidade da luz e outra que permaneceu em velocidades muito inferiores. Mas para ambas as pessoas, a percepção seria de que o tempo passou normalmente. O segundo fator que altera o tempo é a gravidade. Quanto maior for a gravidade, mais lento o tempo passa. Por exemplo, o tempo passa mais rápido no topo de uma montanha do que no nível do mar, devido ao menor efeito da gravidade. Obviamente, a diferença é insignificante nessas condições, mas pode ser comprovada utilizando relógios atômicos.

Mas e qual seria a causa destes fenômenos? Somente dizer que a velocidade altera a passagem do tempo, não é resposta satisfatória. É necessário que algo esteja acontecendo entre o início de um movimento no espaço e a redução do tempo. O que ocorre é que tudo no universo se move na velocidade da luz no espaço-tempo. Quando você está parado no espaço, você se move no tempo na velocidade máxima. Mas quando você se move no espaço, não é possível somar as duas velocidades, pois isso contraria o princípio de que nada é mais rápido que a velocidade da luz. Portanto, a velocidade com que o tempo passa, precisa ser reduzida para que a soma das velocidades no espaço e no tempo seja igual ao limite da luz. Nesse sentido, dá para entender a razão do tempo congelar na velocidade da luz, pois todo o limite de velocidade estaria sendo usado no espaço e não sobraria nada para ser usado no tempo.

Em relação a dilatação gravitacional, é difícil explicar como ela ocorre, pois as respostas divergem entre físicos e não são conclusivas. Sabemos que a origem do fenômeno é a curvatura do espaço que gera o efeito que chamamos de gravidade, mas o que exatamente acontece, não está muito claro. Vale ressaltar que a teoria da relatividade é uma teoria descritiva, ou seja, ela explica o que acontece, mas não exatamente como. Não existe nenhuma dúvida quanto aos efeitos da velocidade e gravidade no tempo, pois diversos experimentos já comprovaram as afirmações de Einstein, porém, ninguém tem certeza de fato do porquê da questão, ficando as explicações apenas no campo das suposições. Seria necessária uma visão externa da dimensão do espaço-tempo para que fosse possível afirmar o que de fato acontece.

BURACO NEGRO, MATÉRIA ESCURA E BURACO DE MINHOCA

Já aprendemos que quando uma estrela massiva chega ao fim de sua vida, ela explode no que chamamos de supernova. Após a explosão que expele as camadas externas da estrela, sobra o núcleo que continua a colapsar em sua própria gravidade. Se a massa do núcleo for de uma até três vezes a da massa do Sol, o processo de colapso é interrompido deixando para trás uma estrela de nêutron do tamanho de uma cidade. Por toda essa massa estar

comprimida em um espaço tão pequeno, as estrelas de nêutrons são os objetos mais densos do universo. Se fosse possível pegar uma colher de chá
da massa dessas estrelas, o peso dessa colher seria
de 4 bilhões de toneladas. Já se a massa do núcleo
for superior a três vezes a massa do Sol, o colapso
continua até resultar em um buraco negro.

A existência de um buraco negro não pode ser
observada diretamente, pois nada pode escapar de
seu horizonte de eventos, que é o ponto do qual a
velocidade de escape supera a velocidade da luz. E
se a luz não escapa, logo nenhum telescópio pode
capturar imagens desses objetos. Mas analisando a
influência do campo gravitacional em objetos ao
redor, astrônomos conseguem identificá-los. Por
exemplo, sabemos que no centro da nossa galáxia
existe um espaço vazio na qual as estrelas orbitam.
Este espaço é ocupado por um buraco negro su-
permassivo de 4,2 milhões de vezes a massa do Sol.

Apesar de muitos acreditarem que um buraco negro é como um aspirador de pó que suga tudo a sua volta, isso não é verdade. Se o nosso Sol fosse misteriosamente substituído por um, a Terra iria orbitá-lo, assim como todos os outros planetas do sistema solar. Em relação ao tamanho, existem buracos negros que vão de dezenas até bilhões de vezes a massa do Sol. Os chamados supermassivos, estão no centro de toda grande galáxia.

Ainda cercado de mais mistérios que os buracos negros, estão a energia escura e a matéria escura. Começando pela energia escura, ela ajuda explicar o porquê de apesar de toda a gravidade de estrelas e galáxias, a expansão do universo está acelerando ao invés de diminuir. Essa energia, que ainda não sabemos do que se trata, provavelmente atua de forma a repelir a gravidade, o que faz com que as galáxias se afastem umas das outras cada vez mais. A matéria escura, por outro lado, interage com a gravidade, mas ela não reflete, absorve e emite luz, fazendo com que não seja possível observá-la diretamente. Não se tem muitas informações sobre a matéria escura, mas a sua existência é amparada através da análise de sua influência gravitacional. Por exemplo, se um grupo de estrelas se comporta de uma maneira diferente do que os dados disponíveis indicam, logo existe um elemento que não pode ser visto, mas que exerce influência no movimento dessas estrelas. Acredita-se que a composição do universo seja de 68% de energia escura, 27% de matéria escura e toda a matéria visível corresponde a apenas 5%.

Entrando no campo imaginário, encontram-se os buracos de minhoca, que são possíveis de acordo com a teoria da relatividade, mas até hoje não foi possível encontrar qualquer evidência que possa comprovar a existência dessas estruturas. Um buraco de minhoca seria como um túnel que poderia ligar dois pontos no espaço ou no tempo e até universos diferentes. Em tese, seria possível viajar bilhões de anos luz de distância sem passar por todo o caminho, pois o espaço estaria curvado. É como uma folha de papel dobrada que você faz um furo nas duas pontas e pode ir de um lado para o outro sem precisar percorrer a distância entre as duas extremidades. Também haveria a possibilidade de viagens no tempo, mas essas hipóteses dependem da existência de um buraco de minhoca que esteja ao nosso alcance e que ele tenha um tamanho suficiente para nossa passagem. Além disso, ele precisaria ser estável ou teríamos que encontrar uma forma de manter a estabilidade, pois a tendência é que tais estruturas se colapsem rapidamente. Mas tudo isso não passa de suposições que podem ou não ser confirmadas algum dia.

Figura 5. Ilustração de um buraco negro

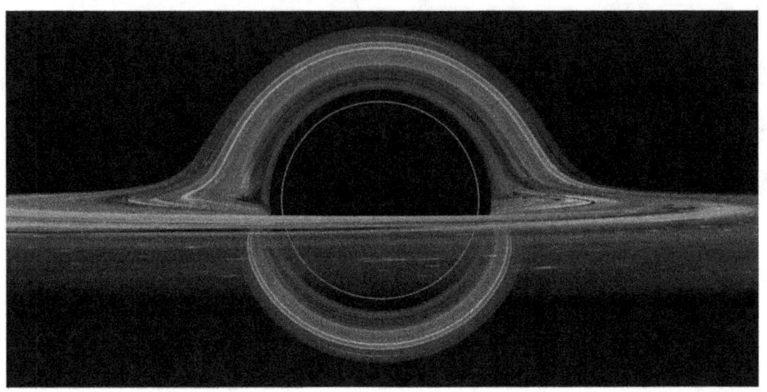

VIAGENS INTERESTELARES

Com um número que pode chegar a 400 bilhões de estrelas somente na nossa galáxia, é normal que tenhamos a curiosidade de saber o que existe para além da nossa vizinhança. Será que existem outros planetas que poderiam ser a nossa casa ou alguma civilização mais avançada que a gente? Essas são algumas das perguntas que tentamos responder. Astrônomos do mundo todo fazem o possível para realizar descobertas de mundos longínquos, através das ferramentas de observação que eles têm a disposição, mas nada se compara a poder ver de perto o que existe em outros sistemas solares.

A nossa vizinha mais próxima está localizada a 4,25 anos luz da Terra e isso significa que, quando olhamos para a estrela Proxima Centauri, estamos vendo uma imagem de 4,25 anos atrás. A velocidade mais rápida em que um ser humano já viajou é de 39,897 km/h na missão Apollo 10, que é bem superior as velocidades que estamos acostumados no nosso dia a dia, mas nesse ritmo, seriam necessários aproximadamente 115 mil anos para chegarmos até Proxima Centauri.

Se fosse possível viajarmos na velocidade da luz, seria o suficiente para explorarmos nosso sistema solar, mas não seria viável uma viagem de oito anos terrestres até a estrela mais próxima. É fato que, para os tripulantes da nave, o tempo não passaria, mas ficaríamos incomunicáveis com eles muito rapidamente. Uma mensagem enviada da nave em exatas 24 horas da partida, levaria 24 horas para chegar até nós. Mas como já aprendemos, as leis da física não permitem que nenhum corpo que possua massa viaje em tamanha velocidade.

Existe uma possibilidade bastante distante da realidade que consiste em utilizar um buraco de minhoca, conforme explicado no capítulo anterior. Mas os problemas com essa ideia vão muito além do fato de não termos nenhuma evidência que a respalde. Primeiramente, não é possível criar um buraco de minhoca de forma artificial, pois isso demandaria uma quantidade de energia similar a de uma supernova. Portanto, teríamos que tentar encontrar algum nas proximidades da Terra, mas isso é improvável, pois estes objetos tendem a estar em locais de intensa atividade gravitacional, como o que acontece na região de um buraco negro su-permassivo. Além disso, ainda que nós tivéssemos acesso a um buraco de minhoca, seria necessário resolver o problema da alta instabilidade, pois uma mísera partícula é o suficiente para fechá-los instantaneamente. Este problema, em tese, poderia ser resolvido com o uso de massa negativa, que seria um tipo de matéria capaz de repelir gravitacionalmente quaisquer objetos de massa positiva ou negativa. Porém, não sabemos onde podemos encontrar objetos com massa negativa no universo e nem se eles sequer existem.

Não é correto dizer que algo é impossível de ser alcançado, pois se pararmos para pensar, o próprio universo parece ser impossível, mas ele aconteceu e aqui estamos bilhões de anos depois do Big Bang. Creio que talvez daqui alguns milênios, a humanidade consiga viajar para outros sistemas solares dentro da nossa galáxia ou até mesmo para outras galáxias, pois a solução encontrada não poderá ser limitada pela distância. É inútil qualquer tentativa de tentar fazer com que naves espaciais alcancem o limite máximo de velocidade permitido pela física. O que precisamos fazer, é descobrir alguma forma de ir para qualquer ponto do universo sem precisar percorrer o caminho. E talvez alguém já saiba um jeito de fazer isso, como você verá no capítulo Vida Inteligente Fora da Terra.

VIAGEM NO TEMPO

A manipulação do tempo é um tema complexo e desperta o interesse de muita gente. Já imaginou se você pudesse ir para o futuro e ver como estará sua vida daqui alguns anos? Ou voltar ao passado e presenciar algo que você não pôde ver? Tudo isso meche muito com nossa imaginação, mas existem opiniões diversas sobre a possibilidade da realização de tais feitos. Neste capítulo, primeiramente veremos o que a teoria da relatividade tem a nos dizer sobre isso e depois explicarei a minha visão acerca deste assunto.

Como vimos anteriormente, o tempo é relativo e pode ter seu ritmo alterado devido a velocidade e gravidade. Vamos imaginar uma situação surreal onde um astronauta pilotando uma nave bastante avançada, consegue chegar até a região de um buraco negro supermassivo através de um buraco de minhoca. Ele irá aproximar a nave o máximo possível do buraco negro, até um ponto onde ele não corra o risco de atravessar o horizonte de eventos e que a aceleração da nave seja o suficiente para escapar do campo gravitacional. Este astronauta passará um certo tempo na órbita do buraco negro e depois retornará para Terra pelo mesmo buraco de minhoca. Quando ele finalmente pousar a nave dele na Terra, perceberá que muitas coisas mudaram para além do tempo que ele ficou no espaço. Ele estará, em tese, presenciando o futuro, pois o tempo para ele dentro da nave passou muito mais lentamente devido a gravidade. Claro que isso não é exatamente a nossa ideia de viagem no tempo, onde poderíamos conversar com a nossa versão do futuro.

E quanto ao passado? Seria possível de alguma forma inverter o experimento anterior para voltar no tempo? Não necessariamente, pois quando nós estamos em repouso aqui na Terra, o tempo está passando em sua máxima velocidade, desconsiderando os efeitos da gravidade do nosso planeta que são insignificantes. Porém, se a Terra orbitasse um buraco negro supermassivo, o tempo para todos no planeta estaria sendo dilatado pela gravidade do buraco negro. Desta forma, bastaria um astronauta entrar em sua nave e se distanciar do buraco negro para reduzir ao máximo os efeitos da dilatação e passar um tempo dentro da nave. O retorno ao planeta seria como voltar no tempo, já que para o astronauta, o tempo passou mais rápido do que para as pessoas no planeta.

Os dois exemplos citados não refletem o que nós imaginamos ser viajar para o passado ou futuro. O que queremos é poder ir para épocas diferentes e retornar para o momento em que partimos. Nesse sentido, começo agora a abordar a minha visão de como funciona o tempo. Primeiramente, é preciso entender que o tempo não é linear, ou seja, ele não segue uma cronologia de fatos. Isso quer dizer que tudo pode acontecer ao mesmo tempo, mesmo que uma coisa dependa de outra para acontecer. Por exemplo, pode ser que exista uma versão sua que é dez anos mais velha e já fez diversas coisas que você ainda nem imagina fazer, pois não é possível dizer que somos o momento atual da nossa linha do tempo. Nós somos o futuro do que já passou e o passado do que ainda vai acontecer. Mas todos os momentos estão coexistindo em pontos diferentes do tempo, como se fossem diversas Tvs numa sala exibindo vários vídeos ao vivo da mesma pessoa.

Vamos imaginar uma história para a melhor compreensão da não linearidade do tempo. Júnior é um adolescente de 17 anos, filho de um físico renomado que dedica a sua vida em descobrir uma forma de viajar no tempo. Em um dia qualquer, ele estava sozinho em casa estudando em seu quarto, quando escutou o barulho de um vidro quebrando no escritório de seu pai. Desconfiado, Júnior desce as escadas para verificar o que aconteceu e apenas encontra um jarro de vidro quebrado no chão ao lado da mesa do escritório do pai. Como o vaso poderia ter sido derrubado se não tinha ninguém em casa além dele? Ele então decide ir na cozinha pegar uma faca para se proteger e ir em todos os cômodos ver se alguém estava escondido, mas nada foi encontrado.

Dez anos mais tarde, seu pai finalmente havia conseguido criar uma tecnologia que permitia viajar no tempo. Por questões de segurança, só era permitido voltar dez anos no passado. Júnior, que havia seguido a carreira do pai, queria poder fazer viagens mais longas e estava disposto a remover o limite temporal do sistema. Mas para isso, ele precisava das anotações de seu pai que há cinco anos eram mantidas somente em um computador criptografado e não mais em papel.

Júnior decide voltar seis anos no tempo para ter acesso aos cadernos com as anotações que seu pai guardava naquela época. Porém, ele esquece de confirmar a data da viagem nos dois computadores centrais e, neste caso, o sistema automaticamente configura a data para dez anos antes. Ele então volta no tempo e vai até o escritório do pai para procurar pelos papéis de que precisava. Enquanto confere as pastas sobre a mesa, Júnior acaba derrubando um jarro de vidro, fazendo um barulho que poderia chamar a atenção de pessoas na casa. Naquele momento, ele organiza as pastas de forma rápida e sai para se esconder em uma sala no fundo do corredor, que guardava materiais de limpeza e outros. Apreensivo, ele olha pela greta da porta para ver se alguém se aproxima e se depara com a sua versão mais jovem entrando no escritório. Ali ele percebe que o jarro que se quebrou há muito tempo atrás quando ele estava sozinho em casa, foi quebrado por ele mesmo. Mas como isso pode ser possível se quando ele tinha 17 anos, ele ainda não tinha voltado no tempo? Bem, como já foi dito, o tempo não é linear.

Na história fictícia que acabamos de acompanhar, pudemos ver que o tempo não se comporta de acordo com a nossa lógica. Não conseguimos compreender muito bem a teoria do tempo não linear, pois estamos inseridos em uma realidade onde o fluxo do tempo tem uma única direção. Mas se essa teoria estiver correta – o que infelizmente não temos como confirmar –, em tese seria possível viajar no tempo igual acontece nos filmes. Entretanto, isso não significa que algum dia saberemos como fazer ou nem se teremos condições de fazer isso.

VIDA INTELIGENTE FORA DA TERRA

O primeiro sinal de rádio que enviamos de maneira intencional para o espaço foi em 1974, através do radiotelescópio de Arecibo. A mensagem contém informações básicas sobre a humanidade e nosso planeta, e foi enviada em direção a um aglomerado de estrelas chamado M13, que fica a 22 mil anos luz de distância daqui. Em 2021, o sinal já viajou por 47 anos luz, o que é apenas uma pequena fração de seu destino principal.

Com um diâmetro de 93 bilhões de anos luz no universo observável, captar qualquer sinal enviado por alguma civilização extraterrestre depende da potência, de quando e onde foi enviado. Um sinal vindo do planeta Proxima Centauri B, levaria 4,25 anos para chegar até aqui e nós temos os equipamentos necessários para captar até mesmo sinais mais fracos. A NASA possui uma rede de comunicação chamada DSN com várias antenas espalhadas pelo mundo, que são utilizadas para o envio de comandos e recebimento de informações de sondas espaciais. Mas mesmo com a tecnologia necessária, ainda não captamos nada que não tenha sido originado por nossos equipamentos e que não possa ter sido emitido por fontes naturais.

A busca por vida inteligente em outros planetas é um dos principais objetivos da astronomia, mas nós precisamos superar um importante obstáculo que é a vida como conhecemos. É compreensível que tentemos encarar o surgimento e evolução da vida na Terra de uma forma universal, como se em todos os lugares do universo as mesmas condições encontradas em nosso planeta são necessárias para que vida surja. Porém, é completamente possível que existam formas de vida que não são dependentes nem de água e nem de oxigênio. Por que não? Com toda a imensidão do universo onde não conhecemos praticamente nada além do nosso quintal, é impossível colocar a Terra como um padrão que se repete em todo e qualquer planeta que abrigue outras civilizações.

As dimensões do universo não apenas limitam o nosso conhecimento como também diminuem para quase zero as chances de encontrar e de ser encontrado. São muitos os relatos de ovnis e até contato direto com seres extraterrestres presenciados em diversas partes do mundo, alguns com documentos e imagens feitos por militares. Recentemente, o governo dos EUA começou a tornar público diversos registros oficiais de objetos não identificados, o que ajuda a alimentar a crença de que somos visitados por alienígenas. Porém, apesar de casos como o do ET de Varginha serem impressionantes e bastante robustos, precisamos considerar que a probabilidade de qualquer civilização ser encontrada por outra no universo é a mesma que achar uma agulha jogada no oceano, a menos que o nível tecnológico de tais seres esteja em níveis inimagináveis por nós seres humanos, o que abordaremos mais adiante.

O mais interessante é que, apesar de não termos nenhuma evidência que de fato comprove a existência de alienígenas, a matemática nos prova que nós não estamos sozinhos no universo. Na verdade, somente na Via Láctea devem haver no mínimo 300 mil civilizações tecnologicamente avançadas. Esse número é bastante modesto e considera que o total de estrelas na nossa galáxia seja de 300 bilhões e que apenas uma em cada um milhão de estrelas possui algum planeta em seu sistema que abrigue uma civilização que evoluiu tecnologicamente. Mas o número de estrelas na galáxia pode chegar a 400 bilhões e a proporção de planetas habitados pode ser bem superior. Levando esse cenário para o número mínimo de um septilhão de estrelas que existem no universo observável, chegamos a conclusão que é impossível que nós estejamos sozinhos. E repare que foram consideradas somente as civilizações que são capazes de enviar e receber sinais de rádio pro espaço, não incluindo aquelas que não chegaram a tal nível de progresso.

É importante notar que nosso planeta tem 4,5 bilhões de anos e a humanidade existe a aproximadamente 300 mil anos. Como o universo é muito mais velho que o nosso planeta, é bem possível que existam seres que sejam até milhões de anos mais avançados que a gente. Isso explicaria como essas criaturas visitam a Terra vindo de locais bem distantes, pois é improvável que eles estejam no nosso sistema solar. Isso deveria ser um sinal de alerta para nós, porque se eles possuem tecnologia capaz de fazer viagens interestelares e encontrar planetas habitáveis, eles também possuem armas muito mais poderosas do que as nossas e não teríamos a mínima chance caso algum dia decidam nos atacar por qualquer motivo. Essa narrativa pode parecer filme de ficção, mas na própria história da humanidade, os povos que tinham mais recursos escravizaram os mais fracos.

Mas se de fato somos visitados por extraterrestres, o que realmente esperamos é que eles sejam pacíficos e façam contato com a gente o quanto antes, para que eles possam nos ensinar tudo que sabem. Acredito que essa seria a forma mais rápida de avançarmos no descobrimento do universo, pois apesar de todo o progresso que tivemos nas últimas décadas, ainda estamos bem no começo. A humanidade daria um salto de no mínimo dois mil anos se nós aprendêssemos como eles conseguem se teletransportar até aqui e como são construídas aquelas naves capazes de escapar do campo de visão de aviõcs militares mais rápido que qualquer coisa em nosso planeta. Além de temas relacionados ao espaço, os nossos visitantes também podem possuir tecnologia capaz de curar todas as doenças, resolver nossos problemas ambientais e, quem sabe, até prolongar nossa vida. Resta saber se está nos planos deles fazer contato algum dia ou se eles estão aqui somente para coletar informações sobre nosso planeta e modo de vida.